居家鍛鍊
輕鬆瘦

第一本
大人小孩都輕鬆上手
的簡易肌力運動大全

幫客教練 著
（Bunker）

| 目　錄 |

CHAPTER ❶

為什麼你需要居家鍛鍊？

CHAPTER ❷

器材、場地運用

CHAPTER ❸
訓練指標

CHAPTER ❹
訓練動作

CHAPTER ❺
伸展

CHAPTER 6

菜單規畫

CHAPTER 7

個人進階客製化菜單

| 推薦序 | （依姓名筆劃排序）

讓運動健身融入日常生活

十多年前認識裕淵 (Bunker) 是他正就讀於國立台灣體育運動大學四年級的時候，還記得從那個時候開始，他就是一個非常熱衷於運動的熱血青年，一路以來看到他在運動專業領域上不斷的進步與成長，除了擁有各項專業證照外，更身體力行的實踐各項挑戰並有非常好的成績。

裕淵 (Bunker) 從事運動健身指導工作已長達十年以上，許多人都受惠於他。近年來秉持著對於運動的熱誠和執著，裕淵 (Bunker)打破過去運動健身訓練的思維及框架，積極思考要如何融入到日常生活中以幫助更多人得到健康。

運動之於健康的重要性是大家都熟知的道理，但對於許多工作忙碌又有家庭的上班族而言，持續及規律的運動確實非常困難！這麼多年來，我看到周遭許多工作夥伴特別安排時間並嘗試參加各種健身課程及訓練，最後都因為無法真正融入日常生活而半途而廢！因此除了能夠找到一個簡易而有效的運動方法之外，可以長期訓練的場地就顯得格外重要，我認為「居家」就是一個很適合的訓練場域。本書中除了講解運動的基本知識、觀念及訓練動作之外，我覺得最有趣的部分就是與家人一同運動，透過與家人一起訓練，不但可以增加親情，更可以互相激勵持之以恆，因此期待推薦這本書給周遭的親友，讓大家都能開心的運動並達到健康的目的。

2019 年底開始，全球受到新冠肺炎 (COVID-19) 侵害迄今，除了造成千萬人確診外，更造成數十萬人的死亡！台灣在防疫上有顯著的成績，但疫情確實改變了人們的生活習慣；減少外出、避免群聚以減少被傳染的可能，在後疫情時代，我們可以藉由居家運動來鍛鍊自己並增強身體的抵抗力，因此我非常開心的向大家推薦這本書。

台灣大車隊行銷長

| 推薦序 |

居家也可輕鬆鍛鍊

　　認識裕淵 (Bunker) 是在一次鐵人三項測驗的運動實驗中，得知他平日喜歡參加鐵人三項的運動訓練與競賽，也曾經囊括國際鐵人三項分齡組的好成績，同時他也是一位熱愛生活、積極以及自律性很高的業餘運動員，在整個運動實驗的過程，一直保持著高度的專注與努力，令本人印象深刻，也因此在 Facebook 保持聯繫至今，看著他歷年來在運動訓練與指導這塊領域一路上的奮鬥與堅持，本人樂於推薦這位不可多得的運動指導人才。

　　運動健身指導的行業在台灣近數十年有著突飛猛進般的成長，特別是許多健身房與運動訓練工作室如雨後春筍般的迅速開業，對於運動產業與健身有需求的廣大消費者而言是一件好事，但同時也令人擔憂運動指導者的專業性與經驗度是否足夠成熟，是否有足夠的專業知識背景與成熟的指導技巧勝任運動指導的工作。因此，得知 Bunker 要出版有關居家運動鍛鍊的書籍時，感到開心與期待！

　　裕淵從事團體與個人的健身運動指導工作長達數十年，除了他對於這份工作的熱愛以及希望對社會福祉有一份奉獻心力的執著之外，他亦期許在專業上能夠保持精進並且更上一層樓，突破過去傳統訓練的框架，因此參加多項國際運動訓練證照的培訓並取得專業級證照，證明自己在運動訓練與指導的知識與能力兼具，是一位不會墨守成規，懂得謙虛並積極提升專業能力的優秀運動指導者。

在這本新書中共有七個章節，利用淺顯易懂的文字與圖片搭配，讓讀者們容易了解在家如何能夠從事身體訓練，使用哪些工具或器材進行個人訓練，輕鬆享瘦或者達到健康促進的目的。尤其是在今年受到新冠肺炎 (COVID-19) 疫情的衝擊之下，使得原本可到鄰近校園健走或健身房訓練的民眾受到許多限制，若是能夠藉由本書了解居家鍛鍊的方法，並且善用周邊隨手可得的器具或簡單物品替代健身房的訓練器械，那麼在家從事訓練不僅可減少外出花費的時間與金錢，對於一些不便於戶外運動的民眾也是一大福音，規律的在家從事身體鍛鍊還可獲得健康促進的效益，是一件多麼棒的事，您認為呢？！

國立中山大學教授

| 推薦序 |

用居家鍛鍊解決「沒時間」、
「沒地方」的困難

一天三餐，再忙，我們都會提醒身邊的親人記得吃飯。不過現實生活中，有時候早餐被省略了，或者為了某種目的省略或簡化中餐（晚餐），但忙到三餐通通省略就很少聽過了。除了按時吃飯，還能在生活中加上「要活就要動」這個觀念，應該就能達到更理想的健康生活組合。

只是，雖然認同「要活就要動」這個觀念；但想想我們的日常，一天沒運動可以，兩天呢，嗯，勉勉強強吧，但連續三天都不動，是不是就誇張了呢！

如同本書提到：隨著生活形態的轉變，空污、傳染病、宅經濟帶起了運動方式轉換的風潮，把自己的「生活空間」轉變為「樂活空間」已然是一種新技能。但我認為除了居家樂活方式的營造，其實還有另一個族群也很需要，就是奔波於商務差旅的亞健康人群，如何解決「沒時間」、「沒地方」的困難，相當迫切！

因此，如何在有限的時間、隨地取材、簡單有效的完成鍛鍊，需要把運動視為等同「按時吃飯」一樣重要的事。缺少「居家鍛鍊」的正確知識，想把運動的信念轉化為生活行動，肯定困難重重。這也是過去我每次回台灣，都一定要去找找我的運動教練 Bunker 學些撇步的原因。在無止盡的出差生活中用起來，就算沒有健身房的日子，也能完成基本鍛鍊，確保平日工作中保有清晰的思緒。

當我看完 Bunker 的這本《居家鍛鍊輕鬆瘦》，很驚訝的發現他以前竟然偷藏了這麼多好點子！同時，書中許多知識的類比與解說都能看到滿滿的幫客特色，相比市面上琳瑯滿目的健身書籍，這是一本能為家庭帶來幸福的魔法書，其中的魔法並非霍格華茲咒語，而是真正能夠藉由正確的方式，幫助讀者 step by step 打造居家同享的樂活場域。

對了，要仔細看好 Bunker 在書中的介紹，千萬別像我做了件蠢事，把買來的飛輪單車擺在房間，每當想訓練心肺時，看到軟軟的床，我的腿……軟了，健康財，就跑了！

李信儀

臺灣科技大學管理管理研究所博士候選人
榮聯康瑞（北京）醫療資訊有限公司董事／副總經理

| 推薦序 |

透過教練的實用建議，
消除不運動的藉口！

　　長期適度的規律運動不僅可以提升人們的正面情緒，維持日常生活所必須的活動能力外，更重要的是，在身體與疾病方面，亦可以有效提升心肺功能、肌力與耐力的作用，增強韌帶、關節的構造及機能，防止骨質疏鬆與身體肥胖，並進一步可降低血糖和罹患心血管疾病的患病率及死亡率，甚至在適度的運動後，有助於記憶能力，提高閱讀能力。

　　本書作者 Bunker 教練畢業於國立台灣體育運動大學，本身已具備專業的運動知識基礎，所就業的第一份工作即從國立雲林科技大學體育室開始，歷經職場的各種歷練，完全是與體育運動專業有關，期間並不斷的充實自己，取得各項國內外運動專業證照，尤其本人又是運動專業實踐者，不但對運動充滿熱情與興趣，也投入各項鐵人競賽，取得佳績。

　　眾所周知，運動可以對人們帶來各種好處，但是這種好處在台灣的現象卻往往停留在 mouth exercise，實際親身投入參與的人卻不多，雖然參與，卻總覺得運動所帶來的勞累，遠遠不及於運動所帶來的好處，其中最大的因素在於運動知識的缺乏，或是沒有運動場所，比如不了解從事運動的頻率（每週的次數）、強度與時間，因此往往不能很快的感受到運動的效益。而本書作者 Bunker 教練在內容中，能針對一般入門者提供實用的建議，隨時隨地進行運動鍛鍊，也不會佔用太多的空間，如在家中就能隨時運動，直接可以消除一般人不運動的藉口，並實際教導人們可以根據自己的狀況規劃運動處方，以實現人們可以達到運動得更健康、更快樂的目的。

很高興 Bunker 教練出版此書，本書每個單元的篇幅不多，容易消化吸收，很適合忙碌的讀者放在案頭，有空的時候可以拿起來翻閱，不會有太大的負擔，希望透過這本書，在這個疫情肆虐的多變年代，能帶領大家學以致用，且有加乘的效果，透過運動，保持身體的健康，以阻絕疫情，故本人樂於推薦本書。

楊能舒

國立雲林科技大學校長

| 自 序 |

與家人朋友們，
一起從家裡動起來吧！

某個下著滂沱大雨的夜晚，兩個人無來由的全身痠痛，坐在沙發上互看著……

健康，是否會隨著未知的病毒，而讓我們更重視？增強免疫力是不是在身心靈上都需要強化？運動訓練，一定要到健身中心才能達到效果？

面對未知的未來，唯有不斷的強化身心靈，才較能握有身體自主權。

身心靈的強化，莫過於飲食的均衡、情緒的調節、睡眠的充足、壓力的釋放、運動的安排。

其實適當的運動訓練安排，不僅能促進腸胃蠕動，讓食物營養的吸收更好，讓情緒及壓力有良好的管道調節及釋放，並促進高效率的睡眠。

在資訊發達的現今，內容的取得便利，打開任何的媒體與軟體就可以跟著一起動，但我們必須去思考的是，這些內容適合我們嗎？

懶人包、坊間偏方、速成訓練……等；古人說：欲速則不達。當我們在追求快速及情感的滿足後，身體吸收了多少努力灌溉的養分？

有賴於媒體多元、科技發達及訊息隨手可得，而且每個人一天都只有 24 小時，當必須在這有限的時間內完成各種事務，就會追求分秒必爭的現象。

擁抱健康、增進免疫力、身心靈的強化，其實很簡單，從居家鍛鍊開始，與家人朋友們，一起從家裡動起來，冀望這本書，能讓正在閱讀這本書的您，更健康快樂、從容地享受生命的美妙。

　　人體是一部極精密的結構，沒有人完全一模一樣，身為教練的我，當然也希望讀者們在做本書的運動訓練動作時，必須先思考，這個動作對於自己是否能安全且在能力範圍內執行？畢竟動作的執行，還是需要教練面對面的指導，才是最安全最有效率的。

　　本書中的動作示範為參考範本，因每個人身體狀況不盡相同，請務必在安全的環境及自身可控制的能力內操作，最佳的方式是諮詢醫師及相關專業人士，量身訂製屬於自己的一套運動／訓練套餐，一起找到屬於自己的健康方程式吧！

　　如果您有任何問題，也歡迎加入我們的 FB 社群，一起討論喔！

幫客教練

【歡迎掃描 QR Code 加入 FB 社團】

CHAPTER 1

為什麼你需要居家鍛鍊？

1-1 / 環境改變的三大原因：
空污、傳染病、宅經濟

今年的新冠病毒疫情造成全球至少 57 萬人死亡，至今疫情尚未完全獲得控制。許多企業為了因應這波疫情實施了在家工作，有些則受到疫情的衝擊而導致裁員或倒閉，整體經濟狀況令人憂心。

環境正在改變的不止有傳染病肆虐，還有近幾年大家也曾熱烈討論的「空污問題」與「網路使用習慣」。空污對人類健康的危害，恐怕也是急需改善的問題，特別是對於許多戶外運動愛好者。根據衛福部的統計，近十年肺、支氣管及氣管癌症的國內確診患者增加了 45% 以上！這確實讓喜好戶外運動的民眾更加憂心了。另一個問題則是因為網路應用的普及，全球資訊流通快速，很多人的工作與生活都依賴大量的網路使用，加上網路內容的豐富性與多樣性，讓許多民眾樂於在家上網追劇、玩遊戲或購物，讓現代的人們待在家中的時間比以前更多。

綜合上述的三大原因，大家待在家的時間會比過往更長、更多，這也使得「居家鍛鍊」的需求開始增加。因為在家的時間增加，卻都以網路活動為主的話，可以想見人們面臨身體健康的三大危害會是：肌肉僵硬（維持單一姿勢）、用眼過度（觀看網路內容）以及代謝變差（降低身體活動），所以學習居家鍛鍊的風氣也開始發展，正確的鍛鍊方式值得大家重視。

1-2 / 居家運動的優缺點

　　居家運動的好處是「方便」、「快速」、「省錢」。不需要交通的移動時間與費用，也不需要支付額外的場地費，確實是很值得投入的領域。很多人常會在外出運動的移動過程中，逛起街邊的商店，或是順手買瓶飲料、零嘴，所以除了運動效果可能受到影響外，荷包也經常處在「藍瘦香菇」的狀況，加上有些戶外運動的風險較高，需要更多運動經驗來避免危險，像是自行車、越野跑等，所以初階的運動習慣培養，首選就是「居家運動」；但是居家運動也有它的缺點，像是沒有人在一旁督促，容易放棄運動目標，或是沒有專業教練指導，容易受傷，所以針對居家運動的缺點，我提供以下幾個方法來改善：

聘請專業教練到府指導

　　民眾可以到健身房或運動中心詢問關於居家運動的教練師資以及費用，通常邀請教練到府指導的費用會稍微高一些，主要是因為教練需要交通費與移動的時間成本，如果有預算上的考量，這個部分也可與教練討論他的移動行程規畫，例如配合教練的移動，在居家附近有其他行程時，再安排教課；或是邀請朋友一起來家中上課，分攤教練費用等，都是可彈性討論收費的方式。

採購合適安全的運動器材

　　居家環境中大多都是「傢俱」，而非專業的運動器材，雖然有些傢俱是可以協助特定運動動作的執行，但終究不是專業器材，在使用上仍需注意其安全性。坊間有許多運動用品店可以採購到居家運動適合的器材，從小型的

用具，例如：啞鈴、握力環、彈力帶等；到中型的器具，例如：瑜伽墊／球、滾輪、健腹輪、單槓等；大型器具的部分，像是跑步機、飛輪機等。

訂定運動菜單

無論是為了瘦身或是雕塑體態線條，或是單純想要培養運動習慣，都需要先建立「運動目標」。可以依據身體質量數據來作為運動目標，例如希望 BMI 達到某個特定值，或是調整腰臀圍比、減輕體重等。而運動目標明確之後，再來就是訂定運動菜單，例如一週要運動三次，每次 15～30 分鐘，主要運動動作有哪些？動作要做幾組等，製定好你的運動菜單，並且放置在家中明顯的位置，隨時提醒自己執行居家運動，才會事半功倍哦！

1-3 / 身體質量數據分析解說
（以 InBody 身體組成分析儀為例）

要了解自己的身體，可以從認識 BMI 開始。所謂的身體質量指數 BMI (Body Mass Index) 是利用機器測量身體四大要素，分別是身體總水量、蛋白質、礦物質、體脂肪。此外，還有一些了解身體組成的重要名詞，也一併向大家介紹。

基礎代謝率：人體在 24 小時中，處於靜臥的狀態下維持生命所需消耗的熱量，基礎代謝率越高，消耗能量越大。

身體組成：脂肪組織＋非脂肪組織。

體重：顧名思義就是全身的重量，對於一般人來說，高於標準值或低於標準值都是不太好的，但此參考數值並不適用於運動員或健身愛好者。

身體總水量 (TBW)：身體各個部位的所有液體的總量，約佔身體體重的 60% 至 65%；如過低，須注意是否有腎臟上面的問題，並建議至醫療院所做檢查。

蛋白質：蛋白質會在身體內轉換成小分子的胺基酸，而胺基酸是構成身體大部分器官的來源之一，可見其重要性；如低於標準建議值，須多加注意飲食攝取及身體狀況。

礦物質：礦物質與肌肉量密切相關，此數值由肌肉量所推估而來，標準值約佔總體重 4〜6%，而如低於標準值，建議可做更詳細的血液或骨質密度檢測；另外要注意的是，高度肥胖情況下不適用參考值。

骨骼肌重：含水之肌肉量，猶如市面上的清雞胸肉。

體脂肪重：體脂肪量係由總體重減去除脂體重 (LBM) 計算出來的。

除脂體重 (LBM)：即身體總水量、蛋白質量及骨質量之總和。

體質量指數 (BMI)：BMI 的計算＝體重 (KG)／身高平方 (m²)，但用此來做判斷不夠精確，還須考慮脂肪量。

體脂肪率：健康成人之體脂肪率標準值：男性為 15±5％，女性為 23±5%。

腰臀圍比 (WHR)：係指肚臍所在之腰部周長除以臀部最突出部位周長之比值，常被用以評斷腹部肥胖。腰臀圍比之標準上限值男性為 0.85，女性為 0.80；大於其值之男性和女性就被判定為腹部肥胖。

肌肉控制：建議您該增加多少肌肉量。

脂肪控制：建議您該增加或減少多少脂肪量。

健身評分：此項為評分肌肉發達程度，分數 70～90 意謂健康狀況介於「好」至「很好」之間，70 以下暗示「發育不良」，90 以上凸顯「肌肉量多」的運動員型。

儀器所測出來的數值，僅是提供粗略的參考，如果有身體上的問題，請務必尋求專業人士的協助，期盼大家都能向健康更邁進一步。

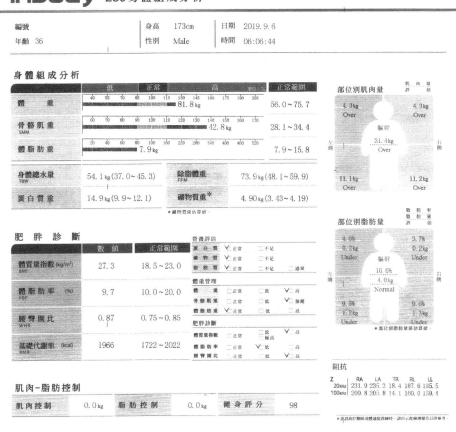

CHAPTER 2

器材、場地運用

2-1 / 有哪些工具／器材可以選擇？

居家訓練可分為徒手、自由重量、居家用品⋯⋯等，以下分別介紹各種訓練方式。

徒手：

透過自身重量來達到訓練效果，例如：伏地挺身、深蹲、眼鏡蛇式、棒式。

優點是簡單，任何時間地點都可以進行訓練；缺點是初學者與較高階的訓練者較難達到效益。

自由重量：

透過一些簡易的訓練器材來達到更棒的訓練效果，操作若正確，並不亞於健身房的器材，以下為居家訓練可以使用的器材參考，例如：彈力帶、環狀彈力帶、跳繩、瑜伽球、瑜伽墊、健腹輪、啞鈴、橫桿、引體向上架、伏地挺身握把。

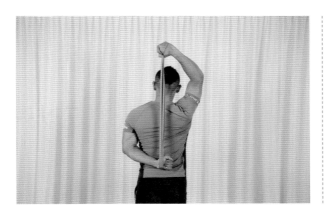

彈力帶

環狀彈力帶

瑜伽球

健腹輪

瑜伽墊

啞鈴

居家用品：

　　利用居家生活中現有的物品甚至是親人，做簡易的訓練，操作時要注意合適性及安全性。例如：裝水的寶特瓶或水瓶（代替啞鈴）、家人（代替支撐物）、毛巾（代替棍棒）、椅子（代替支撐物）、板凳。

水瓶

毛巾

椅子

2-2 / 場地空間運用

空間與場地，決定了可以做的運動及訓練類型，這裡可以讓您了解到，針對居家環境，怎麼安排屬於自己的運動訓練。居家的空間與場地，莫過於臥室、和室、客廳、陽台、頂樓、庭院、走廊與樓梯間。

訓練空間，至少需要 120m×60m 或是手臂伸直於兩耳側，手指至腳趾的長度與手臂平舉於身體兩側，兩手手指間的寬度；伸展空間，至少需要 100m×50m 或是頭頂到腳底的長度與肩膀的寬度。

樓梯可使用於做有氧訓練，每一階的前後幅度建議至少為三分之二的腳掌長，每一階的左右至少 1.5 倍肩寬。

空間及場地的使用，最重要的是：安全。沒有合適及安全的空間與場地，那就寧可不從事訓練，以免受傷，這點是教練特別要強調的。

什麼是運動風水？做對了，效果更加倍？

常聽命理老師說：「人的一生，一命二運三風水」。

擺對訓練器材，留意運動環境，加上使用正確的訓練方式，「健康財」就會滾滾來，擋都擋不住。圓，也可視為財源廣進，運動增進健康，健康被視為財，因為沒有健康，就沒有累積財富的能力；方，也可視為守住財富，透過運動所培養的健康，沒有守成那也是白忙一場，任何的努力及創造，都是需要維持的。

不曉得大家有沒有發現，絕大部分的啞鈴、槓片、藥球、瑜伽球都是圓的，除了實質及功能上較符合使用外，圓形的外形也比較討喜。而像瑜伽墊、瑜伽磚、器材椅墊、蹲舉架……等等，大部分都是以方形為主，主要是以穩定為功能需求，仔細觀察許多的運動訓練器材，也都是以圓與方的形式混合著。

其實說到這，應該有人會發現，居家訓練想要練得更好，其實更需要一些精心準備，例如：方形的瑜伽墊、飛輪、臥推椅（舉重椅）、可更換槓片的啞鈴組、槓鈴、半圓球 Bosu……等。

如果居家格局可分為客廳與臥室空間，且足夠使用，那麼訓練時，在客廳為主，伸展放鬆可在臥室為主，其他建議如下：

玄關：保持玄關乾淨整潔，並在合適的玄關處訓練，有效化解氣場不佳。

玄關是入門後的第一個地方，是風水中房子的咽喉，保持乾淨清潔，就猶如保持咽喉的順暢，如果髒亂，就容易氣運不佳，甚至帶來口舌是非！在玄關處比較適合的運動就會像是功率踩踏這種，有「輪轉」性的運動為佳，或是需要移動式的動作，例如：熊爬、毛毛蟲、猿式等。

臥室：休息為主的地方，可以擺放長方形的瑜伽墊，睡前做點伸

展，有助放鬆入眠。

客廳：住家主要可訓練的場所，可擺放圓形槓片、圓形啞鈴、或健腹輪……等工具來輔助運動，並且最好開窗，吸收光的能量，精神、元氣一次充足。

體重計：想要改變身形可以擺放圓形體重計，想維持身材可以擺放方形體重計。哈哈，真的嗎？你試試看就知道了。

服裝：增加儀式感。有時候在家就是想放鬆，沒有換上運動服還是會少了點動力。而服裝的顏色、款式也會讓你在心情上更愉悅。

以風水的角度來看，圓主動、方主靜，動靜相宜，兩者無非是最棒的結合。

在居家風水中，客廳主導整個家運，除了格局最好是方形為佳，而且陽光充足，燈光明亮更有加分的效果。

客廳的正東方主健康，可於此處放置茂盛的植物，當居家訓練時，最佳的場域就是在有茂盛的植物、陽光充足、燈光明亮的客廳，並使用圓形的訓練器材，讓整個身心靈都達到進化。

訓練後最重要的莫過於伸展，好好利用臥室。臥室為休息的地方，顏色配置以清淡明快的色調較佳。例如：乳白色、象牙色、白色、木材原色，物品配色則可選擇淡粉、淺綠、淺藍……等色系，較能舒緩情緒。伸展用的瑜伽墊可選擇方形並搭配上述的顏色，並用柔和的燈光調和氣氛，放鬆整個心靈。

訓練指標

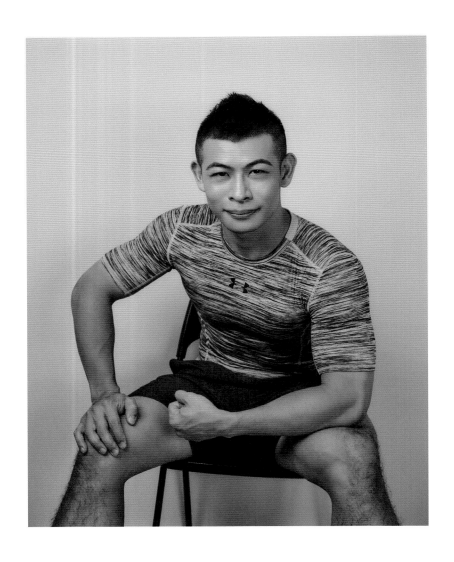

這也是重要的一環，如果少了訓練指標，那麼效果會不顯著，就像登山，必須有一個目標與規劃，否則就會迷失在山徑中；訓練的目的最終無非就是擁有身體的自主權，能更健康以及有能力去應付生活中的各種挑戰；訓練主要分為三個動作類型（推、拉、蹲），假如您是沒有任何運動訓練基礎或是上下肢力量不均衡，建議以自身體重的一半為目標去努力，而有基本的運動訓練基礎者，建議以自身體重以及超越自身體重的倍數努力，遵循著訓練原則及不斷學習的態度，成果指日可待；而這個章節我們從下面幾個部分做探討，目標部位、動作、重量、速度、次數、組數、組休、週頻率、心率。

3-1 / 目標部位

針對我們需要改善、雕塑及增加運動表現的部位，依可訓練的時間、工具及場地來量身訂做。

一、**全身部位**：單次訓練包含全身肌群，例如：頸後深蹲、頸前深蹲、硬舉、複合性動作類型。

二、**上、下半身**：單次訓練分成上半身肌群（胸部、背部、手臂及核心肌群）及下半身肌群（腿部肌群為主）。

三、**單一部位**：針對每一個肌肉群做強化訓練，例如：二頭肌群、三頭肌群。

3-2 / 動作

一、**複合動作**：多肌群及關節連動的動作類型，較適合進階訓練者或是時間
　　較少者。

二、**孤立動作**：單肌群及關節動作類型，較適合初階訓練者或是運動／訓練
　　時間充裕者，例如：飛鳥、夾胸、側平舉、前平舉、腿屈伸、夾腿。

3-3 / 重量

　　挑選適當的重量／阻力，有助於在較短時間內達成訓練目標，並循序漸
進、由輕至重、阻力由小至大、安全、可控制、姿勢正確且肌肉收縮度明顯
的原則下做訓練。

　　請注意：複合動作可承受較重的重量及阻力，孤立動作務必選擇重量輕
及阻力小的方式進行。

3-4 / 速度

　　節奏速度的快慢是影響肌肉刺激程度的關鍵之一，並需要搭配呼吸，以
穩定、動作順暢為原則，速度大致上可分為以下三種：

一、離心 4 秒、等長 2 秒、向心 1 秒。
二、離心 2 秒、等長 0 秒、向心 2 秒。
三、離心 1 秒、等長 2 秒、向心 1 秒。

3-5 / 次數

次數的多寡是肌肉成長的關鍵之一，次數以能達成為主，不逞強。次數的種類大致可分為以下：

一、1～5 下（爆發力）。
二、6～8 下（肌肥大）。
三、9～12 下（肌耐力）。
四、13 下以上（穩定耐力）。

3-6 / 組數

肌肉成長的關鍵之一，依照次數的不同，組數也會有所調整，以下範例可以參考：

一、4～6 組搭配 1～5 下。
二、3～5 組搭配 6～8 下。
三、3～4 組搭配 9～12 下。
四、2～3 組搭配 13 下以上。

黎客教練的簡單說明！

1. 離心：當肌肉的收縮力量小於負荷重量時，肌肉慢慢「被拉長」的過程；簡單來說，就是肌肉「長度拉長」的動作狀態。

2. 向心：肌肉收縮力量大於外在的負荷重量時，肌肉「縮短」的過程；簡單來說，就是肌肉「長度縮短」的動作狀態。

3. 等長：肌肉「長度不變」的用力狀態，也就是肌肉收縮的力量等於外在的負荷重量。

4. 爆發力：不同肌肉間的相互協調能力，力量素質以及速度素質相結合的一項人體體能素質。

5. 肌肥大：將身體的肌肉組織締結變大的現象。

6. 肌耐力：肌肉可以忍耐負重動作的次數。

7. 穩定耐力：提高穩定耐力、增強肌肉耐力、改善柔軟度、發展核心肌群的最佳神經肌肉效率、徵召更多肌肉纖維並改善肌肉自身及肌肉間的協調。

3-7 / 組休

顧名思義，每一組之間的休息，組休會因訓練的目的不同，而有不一樣的休息時間，基本上會在 30 秒到 90 秒之間，以下針對休息時間做介紹：

一、30 秒，肌耐力訓練。

二、60 秒，肌肥大訓練。

三、90 秒甚至更長，最大肌力訓練。

3-8 / 週頻率

　　每週訓練頻率，這部分可以考量到目標部位來設定每週的訓練頻率，以下就針對目標部位做解說。

一、全身部位可以每週一至二次，每次大約 30 分鐘左右適用。
二、上、下半身可以每週二至四次，每次大約 30 分鐘或一小時左右適用。
三、單一部位可以每週四至六次，每次大約 45 分鐘或一小時左右適用。

3-9 / 心率

　　心臟可說是人體最重要的器官之一，心率可用於檢視訓練強度（檢視訓練時心率）及恢復狀況（檢視安靜心率）；肌力訓練的心率大部分會是在最大心跳率 85% 以上，有氧運動的心率區間大部分會是在最大心跳率 60～75%，如果平時能訓練的時間不多，建議可以肌力訓練與有氧訓練互相交替安排，例如：每次僅能有 30 分鐘運動訓練，那可以本次做肌力訓練，下次做心肺訓練，以此類推，以達身體之平衡發展。

　　安靜心率以一般人來說，大約會維持在每分鐘 65 至 75 bpm 之間，安靜心率在規律的運動訓練下，基本上是會呈現規律地降低，安靜心率較低，心肺功能越佳；如何從安靜心率檢視身體是否過於疲勞，我們可以從安靜心率的平均值來看，如果今天我們的安靜心率高於平均值 7～8 bpm，那就要注意身體是否處於疲累尚未恢復的狀態，應適時的休息或降低運動訓練強度，以避免身體勞損。

幫客教練的溫馨小提醒！

一、重量╳次數╳組數＝總訓練量。總訓練量能讓我們以一個較安全的方式成長。

二、心率粗估方式為：220（假設最大心率）－年齡。早晨醒來後，慢慢地起身站立於床邊一至二分鐘再做測量（此為安靜心率）。站立較符合我們平時運動的狀態；心率檢測可以透過徒手觸摸動脈、手指心跳脈搏感測工具、心率錶、心率帶、手機 APP 與各式心電偵測儀器等。

CHAPTER 4

訓練動作

身體肌群的訓練部位大致可以分為：胸部肌群、背部肌群、臀部肌群、三角肌群、肱二三頭（手臂）肌群、腿部肌群……等，一個動作不單單只會訓練到單獨肌群，基本上都會伴隨著輔助肌群一同與主動肌群訓練與收縮；在訓練效益上，如果輔助肌群的感受度遠超過於主動肌群，那麼就會造成事倍功半，所以我們在訓練時，通常要把肌肉感受度及神經控制作為基本功好好訓練。

在做訓練時，務必注意的是動作的控制性，假如該動作及強度不是自己有把握可以做到的，那麼在沒有專業教練指導之下，不建議勉強執行，因為這會使自己陷入受傷的危險之中，自主訓練做有把握的事，就是最好的訓練法則。

4-1 / 胸部訓練

為什麼要練胸？練胸的好處是？

想像一下，我們把一件重要的事，交辦給信任的人，對方如果有把握的拍拍胸膛說：沒問題，交給我吧！是不是讓人很有安全感？

小時候常常被老師及長輩提醒，要抬頭挺胸，昂首闊步；很多英雄人物，不論是卡通、電影或是漫畫中的，絕大部分都是有著明顯的胸肌線條。有著訓練有素的胸肌，不僅有修飾身材的好處，在日常生活中更扮演了舉足輕重的角色，舉凡推、抬、捧及拍等等動作，都與胸肌相關。

胸肌，絕不是男性才需要訓練，對於女性來說，其訓練的附加價值更是不勝枚舉，接下來我們就來看看男女之間練胸的好處吧！

◎ 鍛鍊參考目標

男性：厚實的胸膛，著衣好看有型，掩飾小腹，給人安全感，更能吸引
異性。
女性：讓胸部能更緊實、更挺、更豐滿，線條柔美，減緩下垂。

動作示範

彈力帶胸推（變化：夾胸、中胸、上胸、下胸，分單／雙邊）

主要訓練肌群：胸部肌群

準備器材：彈力帶（繩）

動作步驟：

步驟一：選擇適合的彈力，呈立姿，彈力帶（繩）置於後背，雙手握好拉住。

步驟二：挺胸肩胛穩定，微收下巴，眼睛直視前方，核心繃緊。

步驟三：手肘及手腕不鎖死，兩手往胸前中間位置平均發力拉近，並意識胸部肌群繃緊。

步驟四：讓胸部繃緊的肌群，穩定且控制好的回到起始動作，並調整好速度與呼吸節奏。

雙邊胸推

夾胸訓練要點：兩手拳眼朝上，彈力帶繞過肩胛骨並平行於地面。

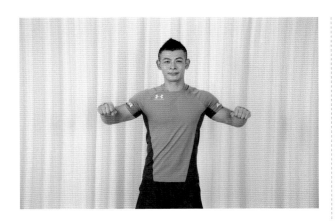

中胸訓練要點：兩手拳眼相對，彈力帶繞過肩胛骨並平行於地面。

上胸訓練要點：兩手拳眼相對，彈力帶繞過腋下，動作方向往斜上。

下胸訓練要點：兩手拳眼相對，彈力帶繞過肩胛骨，動作方向往斜下。

單邊胸推

夾胸訓練要點：單手拳眼朝上，彈力帶需固定於身體側面，並平行於地面。

中胸訓練要點：單手拳心朝下，彈力帶需固定於身體斜後側，並平行於地面。

上胸訓練要點：單手拳心朝下，彈力帶需固定於身體斜後側下方，並與前臂平行。

下胸訓練要點：單手拳心朝下，彈力帶需固定於身體斜後側上方，並與前臂平行。

伏地挺身（降低強度：利用桌子／椅子）

主要訓練肌群：胸部肌群。

準備器材：無（徒手）、桌子或椅子。

動作步驟：

步驟一：先採伏地挺身預備姿勢，兩手打直，手肘保持彈性，位於肩膀下方，手掌貼地挺胸微收下巴，肩胛骨穩定，收緊核心肌群，並在整個動作期間維持穩定。

步驟二：將身體往斜前趴，感覺用胸部肌群拉住身體，緩慢的往下，手肘往斜外，斟酌自己能力，在可控制範圍內，最低位置停頓一下。

步驟三：向上撐起，回到一開始的姿勢。

步驟四：重複以上動作。

如無法做到正常姿勢，可選擇跪姿。

徒手：注意地面起伏。

器材：需注意居家傢俱是否穩固，手掌可以穩定支撐為主。

常見錯誤 核心未參與：身體在動作時歪斜搖晃。

肩胛骨沒有穩定：上背部明顯塌陷，或高低不均。

輔助肌群過度用力、借力：三角肌前束及肱三頭肌參與過多。

關節角度不佳。

4-2 / 背部訓練

為什麼要練背？練背的好處是？

相信駝背是不少人的困擾，有沒有印象，曾被叫去讓背貼牆壁來矯正呢？

駝背形成的因素很多，其中不乏肌力不足的問題。身形要好看，脊椎要健康，背肌功不可沒，駝背、烏龜頸、翼狀肩胛、圓肩及脊椎側彎……等相關問題，都有可能是背部肌肉出現的問題。

背部的肌群非常多，相對也較複雜，想要練得強健勻稱，需要多下點功夫。

◎ 鍛鍊參考目標

男性：肩寬腰細的修飾效果、穿衣挺拔、避免脊椎受傷。

女性：讓身形富有曲線、減少背部疼痛、穿晚禮服或露背裝更好看。

動作示範
彈力帶高位划船

主要訓練肌群：背部肌群。

準備器材：彈力帶（繩）。

動作步驟：

步驟一：挺胸往前傾，背部、肩胛骨與核心保持穩定。

步驟二：膝蓋微彎，彈力帶（繩）位於斜上方，手握彈力帶（繩），感覺用
　　　　手肘往後帶，肩胛骨先啟動後背部肌肉繃緊。

步驟三：繃緊後稍微停一下，隨後背部肌肉穩定好，慢慢回到一開始的姿
　　　　勢。

步驟四：重複以上動作。

彈力帶低位划船

主要訓練肌群：背部肌群。

準備器材：彈力帶（繩）。

動作步驟：

步驟一：挺胸，背部、肩胛骨與核心保持穩定，坐於椅子上。

步驟二：手握彈力帶（繩），彈力帶（繩）位於前方與前臂平行，感覺用手
　　　　肘往後帶，肩胛骨先啟動後背部肌肉繃緊。

步驟三：繃緊後稍微停一下，隨後背部肌肉穩定好，慢慢回到一開始的姿
　　　　勢。

步驟四：重複以上動作。

彈力帶反手划船

主要訓練肌群：背部肌群。

準備器材：彈力帶（繩）。

動作步驟：

步驟一：挺胸往前往下傾，背部、肩胛骨與核心保持穩定。

步驟二：膝蓋微彎，手握彈力帶（繩），拳眼朝外，感覺用手肘往後帶，肩胛骨先啟動後背部肌肉繃緊。

步驟三：繃緊後稍微停一下，隨後背部肌肉穩定好，慢慢回到一開始的姿勢。

步驟四：重複以上動作。

超人式

主要訓練肌群：背部肌群。

準備器材：徒手。

動作步驟：

步驟一：臉朝下俯臥，手、胸、腹、腿、腳背部及腳趾貼地。

步驟二：向前延伸手臂，手肘與膝蓋打直，核心繃緊。手臂和雙腿大概與肩、髖同寬。

步驟三：胸、手臂、腿離開地面，吐氣。

步驟四：重複以上動作。

常見錯誤

聳肩：肩頸明顯聳起。

手臂過於用力：訓練時感覺力道都出在手臂上。

主動肌群未啟動：背部肌群感受度不佳。

核心未穩定：身體在動作過程，搖搖晃晃。

駝背：背部明顯拱起。

過度抬頭：下巴抬太高。

此動作為增加強度方式。動作要領：手肘往後肩胛骨夾緊。

4-3 / 手臂三角

為什麼要練手臂三角？

先來談談三角肌，大家俗稱的肩膀，這個部位也是體態的關鍵；有句話這麼說：肩膀練得好，墊肩就可少。

大家不知道有沒有看過電影「賭神」出場的畫面，我就一直在想，究竟西裝裡面到底有沒有墊肩？

三角肌的強弱不僅攸關到胸肌與背肌的訓練強度，更是身形開闊完美的關鍵，並且能確保手持重物時不易受傷。

接著是手臂，為什麼要練？

手臂大致分為上臂：位於三角肌與肘關節之間，分別為肱二頭肌、肱三頭肌；前臂：位於肘關節及手腕之間。

手臂是我們日常生活中最常使用的部位，而且相較於其他部位，更顯而易見，也較常出現肌腱韌帶的問題，因此，正確的訓練手臂不僅僅能增進美感，也能預防傷害的發生。

🎯 鍛鍊參考目標

男性：強壯、毅力、專注細節的表徵。
女性：更優美緊緻的線條，揮別掰掰袖，更有自信。

彈力帶肩推

主要訓練肌群：三角肌群。

準備器材：彈力帶（繩）。

動作步驟：

步驟一：成立姿，雙手握彈力帶（繩）位於肩膀兩側，拳心朝前。

步驟二：雙手手腕穩定，同時用力垂直往上推。

步驟三：繃緊後稍微停一下，隨後肌肉穩定好，慢慢回到一開始的姿勢。

步驟四：重複以上動作。

彈力帶交叉側平舉

主要訓練肌群：三角肌群（中束）。

準備器材：彈力帶（繩）。

動作步驟：

步驟一：成立姿並稍微前傾，雙手握彈力帶（繩）位於腰際兩側，拳眼朝
　　　　前。

步驟二：雙手手腕穩定，同時用力垂直往外上拉。

步驟三：繃緊後稍微停一下，隨後肌肉穩定好，慢慢回到一開始的姿勢。

步驟四：重複以上動作。

反向伏地挺身

主要訓練肌群：肱三頭肌群。

準備器材：無。

動作步驟：

步驟一：先採臥姿，兩手置於
身體兩側，手肘彎
曲，位於身體兩側，
手掌貼地挺胸微收下
巴，肩胛骨穩定，收
緊核心肌群，並在整
個動作期間維持穩
定。

步驟二：將身體往上撐起，感
覺用手臂後側肌肉撐
起身體，斟酌自己的
能力，在可控制範圍
內，最高位置停頓一
下。

步驟三：向下趴地呈臥姿，回
到一開始的姿勢。

步驟四：重複以上動作。

滑雪

主要訓練肌群：肱三頭肌群。

準備器材：啞鈴。

動作步驟：

步驟一：先採彈性站姿，兩手置於身體兩側，手肘彎曲往上抬起固定，位於
　　　　身體兩側，挺胸微收下巴，肩胛骨穩定，收緊核心肌群，並在整個
　　　　動作期間維持穩定。

步驟二：將啞鈴往後往上撐起，感覺用手臂後側肌肉用力把手肘打直，並斟
　　　　酌自己能力，在可控制範圍內，最高位置停頓一下。

步驟三：手肘位置不變，慢慢的把啞鈴收回，回到一開始的姿勢。

步驟四：重複以上動作。

頸後屈伸

主要訓練肌群：肱三頭肌群。

準備器材：彈力帶（繩）。

動作步驟：

步驟一：先採彈性站姿，兩手置於耳朵兩側，手肘彎曲，雙手握住彈力帶
　　　　（繩），置於後腦勺與頸椎處，挺胸微收下巴，肩胛骨穩定，收緊
　　　　核心肌群，並在整個動作期間維持穩定。

步驟二：將彈力帶往上撐起，感覺用手臂後側肌肉用力把手肘打直，並斟酌
　　　　自己能力，在可控制範圍內，最高位置停頓一下。

步驟三：手肘位置不變，慢慢的把彈力帶（繩）放回，回到一開始的姿勢。

步驟四：重複以上動作。

反手下壓

主要訓練肌群：肱三頭肌群。

準備器材：彈力帶（繩）。

動作步驟：

步驟一：先採彈性站姿，下背維持穩定，身體前傾，掌心朝上，前臂平行於
地平線並拉著彈力帶（繩），手肘彎曲，位於身體兩側，挺胸微收
下巴，肩胛骨穩定，收緊核心肌群，並在整個動作期間維持穩定。

步驟二：將彈力帶（繩）往斜下拉，感覺用手臂後側肌肉用力把手肘打直，
並斟酌自己能力，在可控制範圍內，肌肉最緊繃位置停頓一下。

步驟三：慢慢回到一開始的姿勢。

步驟四：重複以上動作。

水平彎舉

主要訓練肌群：肱二頭肌群。

準備器材：彈力帶（繩）。

動作步驟：

步驟一：先採彈性站姿，掌心朝上，手臂平行於地平線並拉著彈力帶（繩），挺胸微收下巴，肩胛骨穩定，收緊核心肌群，並在整個動作期間維持穩定。

步驟二：手肘彎曲，將彈力帶（繩）往胸前拉，感覺用上臂前側肌肉用力繃緊，並斟酌自己能力，在可控制範圍內，肌肉最緊繃位置停頓一下。

步驟三：慢慢回到一開始的姿勢。

步驟四：重複以上動作。

使用關節發力：感受度未在肌肉，感覺是使用關節在發力。
阻力重量過重：重量超過自身負荷，動作姿勢未能穩定維持。
聳肩：肩頸明顯聳起。
施力方向錯誤：動作角度未在該有行程軌跡上。

4-4 / 腿部訓練

為什麼要練腿？

當我們呱呱落地後，開始會爬行，腿就是與我們密不可分的重要肌肉之一，腿部肌群控制下半身肌群（大腿小腿），當我們從事站、蹲、走、跑、跳……等，活動時均需使用到腿部肌群，它是力量的來源，運動表現的指標、健康的元素。

除了上述如此重要的功能，在儲存血糖，調節血氣及提高新陳代謝率方面，也起到很大的作用。

🎯 鍛鍊參考目標

男性：提升性能力、提升運動表現、意志力磨練。
女性：改善身形比例、預防骨骼疏鬆、燃燒卡路里。

動作示範
橋式（變化：雙邊、單邊、彈力帶、踮腳跟）

主要訓練肌群：背部、臀部、腿部後側肌群。

準備器材：無／彈力帶（繩）。

動作步驟：

步驟一：先採仰躺姿勢，兩手置於身體兩側放鬆，挺胸微收下巴，肩胛骨穩
　　　　定，收緊核心肌群，並在整個動作期間維持穩定。

步驟二：臀部撐起，感覺往頭頂方向，雙腳踩穩於地面，支撐點於肩胛骨上
　　　　緣。切記，勿用脖子或後腦勺支撐。

步驟三：重複以上動作。

橋式雙邊

橋式單邊

橋式彈力帶

橋式踮腳跟

彈力帶深蹲 (squat)

主要訓練肌群：臀部、腿部肌群。

準備器材：無／彈力帶（繩）。

動作步驟：

步驟一：成立姿，雙腳套彈力帶於大腿兩側後蹲下。

步驟二：雙腳腳跟穩定，雙腿同時用力垂直往上撐起身體。

步驟三：繃緊後稍微停一下，隨後肌肉穩定好，慢慢回到一開始的姿勢。

步驟四：重複以上動作。

彈力帶弓箭步 (lunge)

主要訓練肌群：臀部、腿部肌群。

準備器材：無／彈力帶（繩）。

動作步驟：

步驟一：成立姿，單腳套彈力帶於大腿膝蓋上緣。

步驟二：未套彈力帶之腳，往後跨，膝蓋彎曲，腳跟離地，上半身挺直。

步驟三：下蹲後稍微停一下，隨後全身穩定好，再慢慢把後腳收回到一開始
　　　　的姿勢。

步驟四：重複以上動作。

使用彈力帶可加強訓練穩定性。與單腳蹲的差異性為：往後跨時重心平均於
二腳，上半身垂直地面。

彈力帶單腳蹲

主要訓練肌群：臀部、腿部肌群。

準備器材：無／彈力帶（繩）。

動作步驟：

步驟一：成立姿，單腳套彈力帶於大腿膝蓋上緣。

步驟二：未套彈力帶之腳，微往後跨，前腳掌踏地，膝蓋彎曲，腳跟離地，
　　　　上半身挺直。

步驟三：套彈力帶之腳單腳下蹲後稍微停一下，隨後全身穩定好，再慢慢把
　　　　身體撐起到一開始的姿勢。

步驟四：重複以上動作。

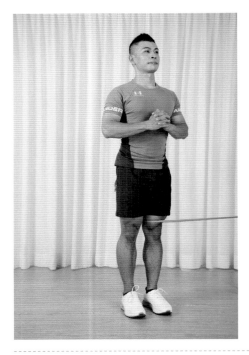 

與弓箭步之差異為：重心於前腳，後腳腳尖只是輔助平衡。

彈力帶內收

主要訓練肌群：腿部肌群。

準備器材：無／彈力帶（繩）。

動作步驟：

步驟一：成立姿，單腳套彈力帶於膝蓋上緣。

步驟二：未套彈力帶之腳，微往側跨當支撐腳，支撐腳踏地踩穩，膝蓋保持
　　　　彈性站姿。

步驟三：套彈力帶之腳往支撐腳夾後稍微停一下，隨後全身穩定好，再慢慢
　　　　把腳打開到一開始的姿勢。

步驟四：重複以上動作。

常見錯誤　膝蓋內扣：膝關節髕骨（膝蓋骨）向內對而膕窩（膝後凹陷處）向外，正面看起來像X型腿，大多數是肌力不平衡造成。

行程短：肌肉收縮幅度過小或是身體活動度差。

屁股眨眼：骨盆後傾，尾椎往前，腰椎受傷風險增加。

僵硬的身體：身體過度緊繃，動作不流暢。

4-5 / 臀部訓練

為什麼要練臀部？

　臀部，一個身兼美觀又具功能性及運動表現的部位，臀肌無力更是現代一般人的通病，造成在站立、行走、跑步或肌力訓練時，骨盆不在該有的位置，並有可能造成膝蓋痛、背痛、腰痠、腳麻、拇指外翻及足底筋膜炎……等。

◎ 鍛鍊參考目標

男／女性：修飾身形、改善循環、減少身體不必要的痠痛、防止下垂。

動作示範
彈力帶臀三向 (mini band)

主要訓練肌群：臀部肌群
準備器材：無／彈力帶（繩）

動作步驟：

步驟一：先採彈性站姿，兩手置於身體兩側放鬆，挺胸微收下巴，肩胛骨穩
　　　　定，收緊核心肌群，並在整個動作期間維持穩定。

步驟二：腳尖朝前，一腳站穩，一腳分別做朝外側、朝斜後 45 度及朝後等
　　　　三種動作。

步驟三：感覺臀部收縮。

步驟四：重複以上動作。

常見錯誤 彈力太重、動作代償、忽略均衡訓練、較少孤立訓練、較少的感受度。

4-6 / 核心腹部

為什麼要練腹部核心？

核心，穩定身體重要的角色，核心無力與不足，就容易在日常生活中或運動中發生傷害，什麼樣的程度才算有力？足夠應付日常生活及運動模式，那才算是有力量。

腹部肌群對於腰椎的活動性與穩定性扮演重要的角色，腹肌的線條明顯與否，也幾乎可以代表著飲食、訓練、生活上的自我要求，個人並不建議過度的追求低體脂（10% 以下）。

🎯 鍛鍊參考目標

男／女性：不易跌倒、保護脊椎、減少受傷。

動作示範
空中腳踏車

主要訓練肌群：腹部肌群。

準備器材：瑜伽墊。

動作步驟：

步驟一：仰躺於墊上，雙腳屈
　　　　曲，雙手手指碰耳，
　　　　手肘朝前。

步驟二：上背稍微離地，用左
　　　　手手肘作勢碰右腳膝
　　　　蓋，兩點同時互相靠
　　　　近，使用腹部出力。

步驟三：接著換右手手肘作勢
　　　　碰左腳膝蓋，兩邊交
　　　　換輪流。

毛毛蟲

主要訓練肌群：腹部肌群。

準備器材：無。

動作步驟：

步驟一：雙腳與髖同寬，彎腰，讓雙手可以碰到地面。

步驟二：雙手撐地慢慢往前，雙腳暫時先留在原地。

步驟三：雙手往前至身體可以穩定之距離後，接著換雙腳慢慢往前。

步驟四：重複步驟二與三。

死蟲

主要訓練肌群：腹部核心肌群。

準備器材：瑜伽墊。

動作步驟：

步驟一：仰躺於墊上，雙腳屈曲 90 度，腳底離地，手打直，手指及腳趾朝
　　　　天花板。

步驟二：下背部（腰）往墊子下壓。

步驟三：不同手不同腳分別伸直往地面放，骨盆盡量不動，吐氣。

步驟四：接著把放下的手與腳拉回原位，交換另一側，重複此動作。

彈力帶捲腹

主要訓練肌群：腹部肌群。

準備器材：彈力帶。

動作步驟：

步驟一：仰躺於墊上，雙腳屈曲 90 度，腳底離地，手拉住彈力帶置於上胸處，彈力帶繞過腳底，手指及腳趾朝天花板。

步驟二：下背部（腰）往墊子下壓，雙腳同時慢慢伸直，骨盆盡量不動，腹部發力慢慢把腳往下放。

步驟三：接著腹部再發力把雙腳拉回，重複步驟二與三動作。

登山者

主要訓練肌群：腹部肌群。

準備器材：無。

動作步驟：

步驟一：身體呈平板式，核心
繃緊，雙腳與肩同
寬。

步驟二：單腳往前作勢碰同一
側手肘，身體保持穩
定，動作腳回復至起
始位置，換腳。

步驟三：左右輪替，重複。

彈力帶繩索伐木

主要訓練肌群：腹部肌群。

準備器材：彈力帶。

動作步驟：

步驟一：軀幹穩定成立姿，雙手握拳拉彈力帶，彈力帶位於側邊繞過固定物
　　　　體。

步驟二：手拉彈力帶作勢往側邊劈，感覺用核心發力（腹部深層）。

步驟三：核心穩定住，對抗彈力，慢慢回到起始位置，換邊，重複。

球上橋式 (ball bridge)

主要訓練肌群：腹部肌群。

準備器材：瑜伽球。

動作步驟：

步驟一：坐姿，背部倚靠著瑜伽球。

步驟二：雙腳發力把身體往後撐，身體上背部仰躺於瑜伽球上，上半身與大腿呈一直線，雙腳腳掌平踩於地。

步驟三：臀部稍微往下後再撐起，重複。

常見
錯誤

頸椎過度用力：下巴過度上抬或下壓，脖子感覺過度緊繃。

骨盆過於前傾：感覺腰部壓力過大，明顯腰部塌陷，屁股過翹。

腹部未施力：腹部沒有肌肉收縮感。

強度不足：有肌肉收縮感受度，但未有力竭感。

CHAPTER 5

伸展

$其$實，伸展遠比我們想像的還要更重要，但我們似乎都忽略了。

完成一種動作，需要好的柔軟度；遠離痠痛，也需要好的柔軟度，而好的柔軟度，是必須透過伸展來達成的。

在現有的顧客中，一位年近 70 的女性，尚未訓練前，長期腰痠背痛，經檢測是由於髂腰肌過於緊縮的因素（其緊縮則是因為久站導致）。

在進行了伸展及肌力訓練，腰痠背痛的情形明顯改善許多。

好的柔軟度可以帶來好的活動度、神經系統、適應性，能減少關節磨損與肌力提升。

伸展又可以分為動態伸展及靜態伸展，差異如下：

動態伸展：訓練及運動前，並在充足熱身後，為訓練及運動做準備，其動作模式最好符合即將從事的訓練動作，例如，槓鈴蹲舉就可以先從徒手做起或是做些小彈跳，提升肌力溫度、心率及靈活度。

靜態伸展：訓練及運動後，伸展維持 30～90 秒左右的方式，以達到肌肉放鬆的目的，將緊繃的肌肉回復正常的長度，並減緩痠痛及運動傷害的發生。

伸展完，也需適時補充水分，而且每天的熱量及營養也需攝取足夠，讓我們一起打造更強健的身體。

5-1 / 伸展原則及要點

伸展的範疇，在大家的認知裡面，莫過於立姿體前彎、拉拉肱三頭肌（廣稱蝴蝶袖的部位）、弓箭步、甩甩手……等。

適當的伸展又分為運動前與運動後，兩者的伸展方式是完全不一樣的，方式不對，反而容易使受傷的機率提高。

依稀還記得小時候的體育課，有些老師在運動前，就會帶著同學們做做靜態的伸展，有些時候甚至叫同學直接做分組活動。

當然在當時，運動訓練及研究並沒有像現代資料及研究這麼豐富、科學化（與時俱進的不光是身體，腦袋也是），不過到了今時今日，我們該學習更安全的運動方法。

運動前的伸展（動態伸展）：提高身體與肌肉的溫度，抑或是達成最大心率的 70～80%。

研究顯示，運動前適度的提升身體及肌肉溫度，可減少受傷機率，但過度伸展反而會增加受傷機率，因此仍要注意適度適量。

運動後的伸展（靜態伸展）：研究顯示，一定程度的伸展，可以顯著增加肌蛋白的合成，加強肌肉增長效果及提升新陳代謝。

伸展並不一定局限在以上的動作模式，另外嘗試瑜伽、皮拉提斯也是不錯的選擇。

5-2 / 伸展動作

動作示範
立姿體前彎

步驟一：雙腳與髖同寬，膝蓋不彎曲。

步驟二：吸氣並將上半身前傾彎曲。

步驟三：雙手慢慢往下延伸，維持 30～90 秒。

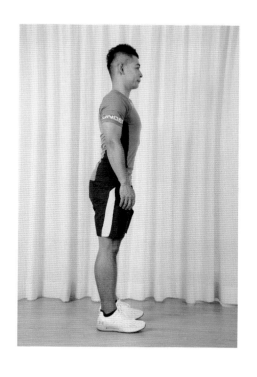 

坐姿體前彎

步驟一：呈坐姿，雙腳平貼於地，腳尖朝上。

步驟二：吸氣並將上半身前傾彎曲。

步驟三：雙手慢慢往前延伸，維持 30～90 秒。

髖關節內收肌伸展

步驟一：呈坐姿，雙腳張開呈大字型，腳尖朝上。

步驟二：吸氣並將上半身前傾。

步驟三：雙手慢慢往前延伸，維持 30～90 秒。

股四頭肌伸展（勾腳）

步驟一：呈立姿，單腳站立，另一腳後勾，用手拉住（建議可用手扶住不會
　　　　移動的物體，加強平衡，如無法用手拉住腳，可用毛巾或彈力帶替
　　　　代）。

步驟二：大腿前側與水平面垂直，上半身挺直，骨盆不歪斜。

步驟三：放下伸展腳，換腳，同上述各步驟。

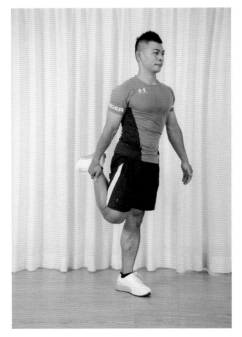

小腿後肌群伸展

步驟一：呈立姿，雙腳與髖同寬，接著一腳往前跨，並把前腳跟著地，腳尖
　　　　翹起，平衡好身體。

步驟二：吸氣，並將上半身前傾彎曲，雙手慢慢往下延伸。

步驟三：收回前腳，換腳，同上述各步驟。

臀部及背部肌肉伸展

步驟一：平躺於墊上，彎曲膝蓋。

步驟二：用雙手抱住雙腳，並把膝蓋拉靠近胸部。

步驟三：每次呼吸時，使膝蓋更靠近肩膀，維持 30～90 秒。

髂脛束伸展

步驟一：呈立姿，雙腳往後交叉，軀幹往前彎。

步驟二：朝前腳側轉過去，並慢慢往下延伸。

步驟三：拉起身，換腳，並換另一側伸展，每一個方向停留 30～90 秒。

髖關節屈肌伸展

步驟一：首先呈高跪姿，前腳膝蓋呈 90 度於墊上，接著後腳往後伸直，腳
　　　　背朝下。

步驟二：把雙手放置前腳膝蓋上或腰兩側，上半身挺正。

步驟三：試著把肚子往前往下帶，停留 30～90 秒後換腳。

胸肌伸展

步驟一：呈立姿，雙手呈稍息動作，手掌交叉置於下背位置。

步驟二：兩手手掌貼好，手肘往後延伸，停留 30～90 秒。

背闊肌伸展

步驟一：呈立姿，雙手往上伸直，靠近耳朵。

步驟二：俯身，雙手置於固定之物體上，試著往前延伸一點後稍微下壓，停
　　　　留 30～90 秒。

肱三頭肌伸展

步驟一：呈立姿，一手彎曲置於後腦勺處，另一手扣著主要伸展之手肘，往
　　　　側邊稍微拉伸。

步驟二：兩手交換後，同步驟一即可。

肱二頭肌伸展

步驟一：呈立姿，雙手手肘打直微微抬起，大拇指往上往外側轉，再轉回。

步驟二：重複 15～20 次即可。

 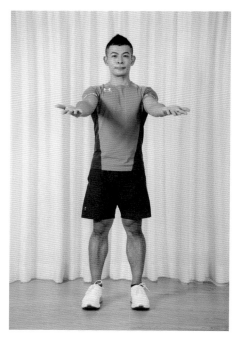

三角肌中束伸展

步驟一：呈立姿，雙手自然下垂，一手手臂伸直往後，另一手拉住手腕處，
　　　　往手拉的那側延伸。

步驟二：伸展側中束，感覺緊繃，維持 30～90 秒，再換邊即可。

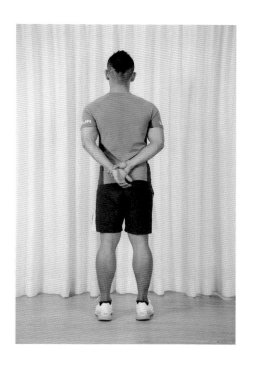
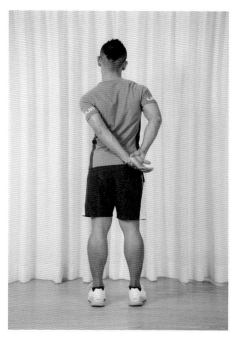

前臂及手指屈肌群伸展

步驟一：呈立姿，一手手臂伸直平行地面，掌心朝上，手腕彎曲，手指朝
　　　　下。

步驟二：另一手把手掌及手指往胸口方向微壓，勿過度。

步驟三：維持 30～90 秒再換手，感覺前臂及手掌有伸展感覺。

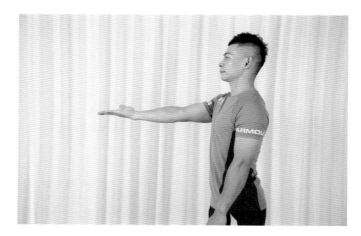

拇指伸展

步驟一：舉起手,手指朝前,大拇
　　　　指朝上。

步驟二：大拇指下彎至掌心,餘四
　　　　指接著包覆住大拇指並握
　　　　緊。

步驟三：拳頭垂直下壓,但不應
　　　　有疼痛感,每次 10～15
　　　　下,每次 10～15 秒,一
　　　　手做完再換另一手。

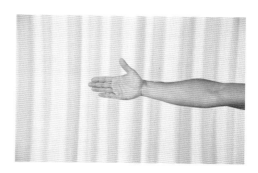

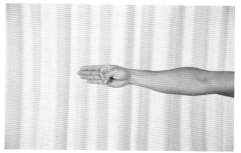

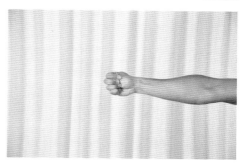

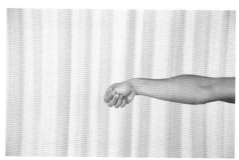

CHAPTER 6

菜單規畫

訓練就跟煮菜一樣,當我們要端出一道道美味的佳餚(適合自己的運動及訓練),那麼就必須準備好該有的食材、調味料、鍋具(場地與道具),並佐以個人的烹飪技巧(個人經驗及能力)。

有些人吃東西,只求溫飽,維生的最低要求,雖然如此,仍須考量營養均衡,而有些人則注重營養搭配、色香味,甚至擺盤;運動訓練也是,不管我們的需求如何,都需要一份合適的菜單,循序漸進地去做,以達最有效率、最佳的運動訓練。

幫客教練的貴心小建議!

菜單的搭配,我們會以本書的第二、三、四及五章,作為參考的條件,並針對單人、雙人、親子及樂齡做簡單的規劃,讓大家知道——別擔心,這一點都不難,把握這些原則,您也可以端出一道道最棒的菜色。在這仍要再次叮嚀,運動訓練必須循序漸進,勿過度勉強,斟酌個人身體狀況來做,有任何問題可諮詢我,或是其他專業教練。

6-1 / 單人運動：30 天減重計畫

　　此單人菜單較適合居家訓練初心者，每個動作依照該週次數完成即可，盡量落實動作姿勢及明顯的肌肉感受度，兩個動作組合，間休 30 秒為基礎，當然還是得視自身身體狀況調整休息時間；假設您已完成 30 天，可以適時增加彈力帶阻力係數（磅數、厚度）及其速度（可參考第三章）。

　　每天另外需搭配 10 分鐘有氧運動（登階、跳繩或飛輪……等）及運動後之靜態伸展 10 分鐘（時間可依 30 天為週期，以 5 分鐘漸進增加），並搭配飲食（請諮詢營養師）。

	Mon	Tue	Wed	Thu	Fri	Sat	Sun
訓練項目	彈力帶臀三向（mini band）＋彈力帶低位划船	彈力帶 lunge＋彈力帶交叉側平舉(站立、俯身）	超人式＋反向伏地挺身	彈力帶肩推＋彈力帶單腳蹲	彈力帶內收＋彈力帶高位划船	彈力帶繩索伐木＋空中腳踏車	伏地挺身（桌子／椅子）＋彈力帶低位划船
第一週				12 下			
第二週				24 下			
第三週				36 下			
第四週				48 下			
第五週	60 下	60 下	－	－	－	－	－

小提醒：表格可至 FB 社團下載使用。

6-2 / 單人運動：改善脹氣與便秘

此菜單可與其他訓練菜單做搭配，或單獨只做此菜單即可（例如：6-1 單人運動：30 天減重計畫＋此菜單）。

下列動作依照個人能力選擇適當阻力，每個動作組合可做 12～15 下，3 至 4 組，組間休息 30～60 秒為基準。

舉例：彈力帶弓箭步做完 15 下，接著做空中腳踏車交叉各 15 下，休息 30 秒後，換做彈力帶單腳蹲 15 下＋彈力帶捲腹 15 下，再休息 30 秒後換深蹲 15 下＋死蟲 15 下。上述為一組計算，總共四組循環，循環組休 60 秒。

動作建議：

1. 彈力帶弓箭步＋空中腳踏車
2. 彈力帶單腳蹲＋彈力帶捲腹
3. 深蹲＋死蟲

6-3 / 單人運動：雕塑線條

此菜單可依照每週能鍛鍊天數，並搭配階段性訓練，以達最大效益，重量／阻力建議先從輕的開始，慢慢加強到適合的，循序漸進。

第一階段

重量：自行斟酌。

速度：離心 4 秒、等長 2 秒、向心 1 秒。

次數：15 下。

組數：3 組。

組休：90 秒。

第二階段

重量：自行斟酌。

速度：離心 2 秒、等長 0 秒、向心 2 秒。

次數：12 下。

組數：4 組。

組休：60 秒。

第三階段

重量：自行斟酌。

速度：離心 1 秒、等長 2 秒、向心 1 秒。

次數：12 下。

組數：5 組。

組休：60 秒。

幫客教練的貼心小建議！

此處的鍛鍊強度，可參考本書第三章的說明。

每週可鍛鍊五天之訓練搭配：

第一天：胸部肌群＋肱三頭肌群

第二天：背部肌群＋肱二頭肌群

第三天：腿部肌群

第四天：三角肌群＋腹部肌群

第五天：有氧訓練（飛輪、跑步或游泳……等）

每週可鍛鍊三天之訓練搭配：

第一天：胸部肌群＋背部肌群

第二天：三角肌群＋肱二頭肌群＋肱三頭肌群

第三天：腿部肌群＋腹部肌群

每週可鍛鍊二天之訓練搭配：

第一天：上半身肌群

第二天：下半身肌群

每週可鍛鍊一天之訓練搭配：

第一天：全身肌群

緊客教練的貼心小建議！

相關鍛鍊部位的動作說明，請見本書第四章。

	Mon	Tue	Wed	Thu	Fri	Sat	Sun
每週可鍛鍊五天	胸部肌群＋肱三頭肌群	背部肌群＋肱二頭肌群	三角肌群＋腹部肌群	腿部肌群	有氧訓練		
每週可鍛鍊三天	胸部肌群＋背部肌群		三角肌群＋肱二頭肌群＋肱三頭肌群		腿部肌群＋腹部肌群		
每週可鍛鍊二天		上半身肌群			下半身肌群		
每週可鍛鍊一天						全身	

6-4 / 雙人運動：**30** 天減重計畫

　　此雙人菜單較適合居家訓練初心者，每個動作依照該週次數完成即可，盡量落實動作姿勢及明顯肌肉感受度，也因雙人參與的關係，可慢慢培養默契，兩個動作組合，間休 30 秒為基礎，當然還是得視自身身體狀況調整休息時間；假設您已完成 30 天，可以適時增加彈力帶阻力係數（磅數、厚度）及其速度（可參考第三章）。

執行的過程中，如果夥伴的肌力與體能較無法負荷，可以一方不動，身體穩定好，僅動一方即可。

每天另外需搭配 10 分鐘有氧運動（登階、跳繩或飛輪……等）及運動後之靜態伸展 10 分鐘（時間可依 30 天為週期，以 5 分鐘漸進增加），並搭配飲食（請諮詢營養師）。

	Mon	Tue	Wed	Thu	Fri	Sat	Sun
訓練項目	彈力帶臀三向(mini band)＋彈力帶低位划船	彈力帶lunge＋彈力帶交叉側平舉(站立，俯身)	超人式＋反向伏地挺身	彈力帶肩推＋彈力帶單腳蹲	彈力帶內收＋彈力帶高位划船	彈力帶繩索伐木＋空中腳踏車	伏地挺身（桌子，椅子）＋彈力帶低位划船
第一週	12 下						
第二週	24 下						
第三週	36 下						
第四週	48 下						
第五週	60 下	60 下	—	—	—	—	—

小提醒：表格可至 FB 社團下載使用。

雙人訓練動作示範 （示範人：孟孟）
彈力帶臀三向 (mini band)＋彈力帶低位划船

彈力帶臀三向 (mini band)

雙人訓練時可相互支撐，兩人同時動作外側腳，單邊訓練
結束後，再交換位置訓練另一邊。

彈力帶低位划船

一人蹲低固定彈力帶,另一人動作。

彈力帶 lunge＋彈力帶交叉側平舉（站立、俯身）

彈力帶 lunge

一人協助固定彈力帶，維持穩定，另一人動作。

彈力帶交叉側平舉

一人蹲低固定彈力帶，另一人以外側手臂動作，單邊訓練
結束後，再交換位置訓練另一邊。

超人式＋反向伏地挺身

超人式

兩人可同時操作，若空間足夠，也可面對面進行，相互激
勵。

反向伏地挺身

與伏地挺身的運動方向相反,是由下往上推起,兩人可相互留意動作的正確度。

彈力帶肩推＋彈力帶單腳蹲

彈力帶肩推

一人蹲低固定彈力帶，維持穩定，另一人動作。

彈力帶單腳蹲

兩人並肩站立，彈力帶固定於相鄰的腳上，單邊訓練結束
後，再交換位置訓練另一邊。

彈力帶內收＋彈力帶高位划船

彈力帶內收

兩人並肩相隔一段距離站立，彈力帶固定於腳踝上。

彈力帶高位划船

一人將彈力帶舉高固定，另一人動作。

彈力帶繩索伐木＋空中腳踏車

彈力帶繩索伐木

兩人同時抓住彈力帶，往相反方向運動。

空中腳踏車

運動時如肌力不足，兩人可將腳尖相碰，降低強度。

伏地挺身＋彈力帶反手划船

伏地挺身（桌子）

以桌子為支撐，務必確認傢俱是否穩固。

彈力帶反手划船

一人蹲低固定彈力帶，另一人動作，需留意掌心方向應與
低位划船相反。

6-5 / 雙人運動：加強心肺與代謝

　　每個動作為 1 分鐘，如呼吸及體能較無法負荷，可以調整速度、以 10 秒鐘為單位降階、調整呼吸或是原地踏步調整，初階建議執行兩大循環即可，再依能力循序漸進增加至三、四循環。

　　動作順序如下：

原地抬腿擺手

暖身動作，先讓身體做好運動的準備。

側弓步

兩人並肩站立,輪流做左右側弓步。

超人式

兩人可同時操作,若空間足夠,也可面對面進行,相互激勵。

深蹲

兩人可面對面進行，相互檢視動作的正確度。

徒手跳繩

像跳繩動作一樣，保持膝蓋微彎，彈跳時可輕輕轉動手腕。

伏地挺身（椅子）

以椅子為支撐，務必確認傢俱是否穩固。

橋式

也可嘗試橋式的其他變化，如單邊、彈力帶、踮腳跟等。

空中腳踏車

運動時如肌力不足，兩人可將腳尖相碰，降低強度。

左右跳

輕鬆跳躍，緩和肌肉緊繃，作為訓練動作的收操。

6-6 / 親子運動：培養運動興趣

　　此菜單的主要目的是透過運動來增進身體的核心肌群，並凝聚親子關係。建議適合執行的小朋友年齡為可溝通執行為主，動作有一定難度，不須勉強執行，可選擇替代動作模式為靜止方式而非動態模式，例如熊爬動作的靜止模式則讓膝蓋離地，毋須前進；相關訓練要點請參考第三章訓練指標。

親子訓練動作示範 （示範人：媽媽 Nicole；女兒霏霏，7 歲）

毛毛蟲

雙手向前爬行，雙腿保持筆直，小步向前移動，最後回到起始位置。

熊爬

起始動作成四足跪姿,接著雙膝離地,如嬰兒爬行,右手
左腳、左手右腳往前推進。

登山者＋擊掌

用擊掌互相激勵，也增進親子情感！

6-7 / 親子運動：訓練基礎體能

　　此菜單適合的執行要點為，親子必須具有一定的身體肌肉控制性，可以控制姿勢的穩定，重量及阻力選擇，建議從輕至重，循序漸進，訓練要點請參考第三章訓練指標。

親子訓練動作示範
彈力帶弓箭步＋擊掌

兩人面對面站立，彈力帶固定於相近的腳上。

滑雪

一人固定彈力帶，另一人動作。

超人式

兩人可同時操作，若空間足夠，也可面對面進行，相
互激勵。

彈力帶伏地挺身

若小孩肌力不足,大人可將彈力帶固定於孩子腹部,協助支撐。

6-8 / 樂齡運動：舒緩肩頸痠痛

　　此菜單適用於樂齡族群日常生活中因姿勢不良所造成的肌肉痠痛與僵硬，伸展動作範圍建議視本身可活動幅度為主，循序漸進，保持呼吸，勿憋氣；如身體本身有脊椎及關節問題，或有特殊病史、身體長久不適，建議先尋找專業人士診斷，並尋求改善方式。伸展要點請參考第五章。

樂齡訓練動作示範 （示範人：小桂姥姥，83 歲）
三角肌中束伸展＋側彎頭

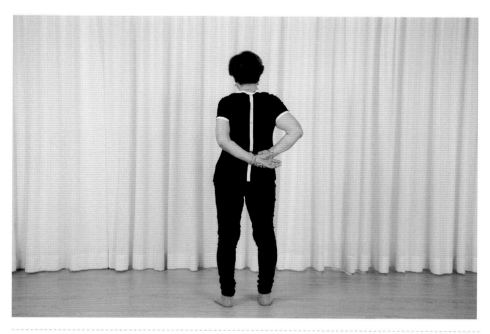

在個人能力範圍內執行，小幅度動作也能達到一定效果，切勿勉強。

背闊肌伸展

可利用椅子等傢俱輔助。

胸肌伸展

在個人能力範圍內執行，動作過程保持呼吸順暢。

6-9 / 樂齡運動：強化雙腳活動

　　此菜單可加強身體之穩定、腿部與臀部之肌力訓練，操作此菜單建議有家人或朋友陪同，並以自身可控制能力內執行，建議身旁有固定不易移動的物體協助平衡，彈力／阻力請由輕至重，循序漸進訓練，如身體本身已有關節問題及活動度較差者，請諮詢相關醫師及專業人士，訓練要點請參考第三章訓練指標。

　　簡易訓練參考範本：每個動作 15 下為基準，左右邊分開計算，每個動作可休息 30～60 秒，主動用力時吐氣（例如：蹲的時候吸氣，撐起時吐氣）。

樂齡訓練動作示範
彈力帶臀三向 (mini band)

可輕扶支撐物

側向

斜後 45 度

向後

橋式（變化：雙邊、單邊、踮腳跟、彈力帶）

橋式雙邊

橋式單邊

橋式踮腳跟

橋式彈力帶

弓箭步

如初學者對肌力沒有信心，也可在前方放置支撐物，手輕
搭扶。

單腳蹲

手輕搭扶支撐物,維持身體穩定。

彈力帶內收

在身旁可擺放椅子等支撐物，彈力帶固定於穩定傢俱上，
或由家人協助固定。

星座與運動

　　星座是個神祕又特別的一種基本人格型態或情感特質，如果我們跟運動結合，或許就能讓我們更加樂在其中，進而達到運動訓練的效果。

　　十二星座可分為四大類別，分別為火象星座、土象星座、風象星座、水象星座。

　　四大類中的星座如下——火象星座：牡羊座、獅子座、射手座；土象星座：金牛座、處女座、魔羯座；風象星座：雙子座、天秤座、水瓶座；水象星座：巨蟹座、天蠍座、雙魚座。

　　接下來會依照四大類別及各個星座特質，介紹並建議可從事的居家運動類型，各別給予建議。

四大類別：

1. 火象星座：伏地挺身變化式、超人式、反向伏地挺身、彈力帶伐木。
2. 土象星座：彈力帶伐木、死蟲。
3. 風象星座：多人運動、彈力帶划船、登山者、深蹲。
4. 水象星座：爆發力訓練、伸展、橋式、空中腳踏車。

十二星座：

水瓶座

特質：好奇心強、活潑、喜歡熱鬧、不受羈絆的奔放、志在參加、崇尚　　　自由、適應力強。

適合的室內運動：彈跳床、桌上乒乓球、虛擬線上騎乘、吊床瑜伽。

雙魚座

特質：感性、溫情、敏感、感受力、直覺、容易累積壓力、喜愛思考、

學習力強、出色的觀察判斷力、靈活的想像力、唯美浪漫、不喜
歡刺激。

適合的室內運動：拳擊、虛擬線上騎乘、瑜伽。

牡羊座

特質：精力旺盛、個性偏急、有話直說、做事積極、行動力強、領導力
　　　強、容易興奮、熱情簡單、正義感、意志力強。

適合的室內運動：飛輪、衝浪訓練、體操、跑步機。

金牛座

特質：務實、穩健、謹慎、喜愛高 CP 值、穩重有耐力、不好動。

適合的室內運動：瑜伽、有氧舞蹈、跑步機、健身、太極拳。

雙子座

特質：好奇心強、活潑、喜愛熱鬧、聰明、觀察力強、富研究精神、舉
　　　一反三、隨機應變、多才多藝。

適合的室內運動：乒乓球、跳繩。

巨蟹座

特質：感性、溫情、敏感、感受力強、直覺力強、重感覺、思考力、記
　　　憶力強。

適合的室內運動：瑜伽、飛輪、拳擊。

獅子座

特質：精力旺盛、個性偏急、有話直說、做事積極、行動力強、容易興
　　　奮、樂於表現、敏銳觀察力。

適合的室內運動：室內衝浪。

處女座

特質：內向沉靜、務實、穩健、謹慎、分析力強、不太愛出門、重視細

節、直覺敏銳、出色的分析和領悟力。

適合的室內運動：皮拉提斯、瑜伽、有氧舞蹈、健身、太極拳、體操。

天秤座

特質：活潑、喜歡熱鬧、永不言敗、不屈不撓、講求公正與邏輯策略、
　　　善於協調、重視感覺氛圍、均衡。

適合的室內運動：芭蕾、乒乓球、有氧操、跳舞。

天蠍座

特質：感性、溫情、敏感、感受力強、直覺力強、默默耕耘、耐力、意
　　　志力、冷靜。

適合的室內運動：拳擊、飛輪。

射手座

特質：精力旺盛、個性偏急、有話直說、做事積極、行動力強、容易興
　　　奮、喜歡冒險、樂於嚐鮮、自主性強。

適合的室內運動：室內衝浪。

摩羯座

特質：內向沉靜、務實、穩健、謹慎、勤勞、踏實、刻苦、耐力十足。

適合的室內運動：瑜伽、有氧舞蹈、健身、伸展、太極拳。

CHAPTER 7

個人進階 客製化菜單

7-1 / 找資料

走在對的、且適合自己的路上，就是條康莊大道。

當我們從一個懵懵懂懂的健身訓練初學者，堅持且熱愛、努力不懈的日復一日後，進階的訓練方法，是為了成就更強健的自我以及更好的身心靈。

在資訊發達的這個世代，教科書、書籍、雜誌、期刊、親朋好友、網站、Facebook、IG、Line、Whatsapp、WeChat、email，充斥著各種訊息，有些內容具參考價值，有些則是打著聳動的標題，吸引著點擊率；如果本身沒有具備一些基礎概念及操作方式，其實很容易被誤導，小則修正即可，大則傷身危及健康。

如果依照可靠性來說，該領域專業的專家學者、論文、期刊、雜誌、書籍、教科書、官方代表網站媒體，是可參考性最高的，其餘的則是要針對該訊息，與該領域專業的資訊做交叉比對，方可知其一二，尤其在資訊發達的現今，網路搜尋是最快速的方式，例如：Google 與論文期刊系統，但如果身邊有該領域的專業人士，其實資訊可以更完整及豐富。

7-2 / 了解身體

資訊是死的，人體是活的，假設您沒有該領域的專業人士可以諮詢，那麼您必須對於自己的身體夠了解，例如：活動度、柔軟度、感受度、穩定度、心肺功能以及韌帶關節是否有不適、暈眩、血壓血管及心臟有無異常、或是否有僵直性脊椎炎等病症，如有服用藥物，是否會影響運動訓練。

在不清楚身體狀態的情況下，做有強度的運動及訓練，是種高風險，而且容易讓身體受到傷害。

所以，如果越了解身體，就會讓訓練更有加乘的效果，也更加安全。

7-3 / 諮詢教練

除了上述兩項，找資料與了解身體之外，最有效率且減少受傷的方式就是直接諮詢教練，我們總以為花錢請專家是昂貴的，殊不知，讓我們省下了寶貴的時間與獲得教練經年累積的寶貴經驗，這些都是只靠自己努力、花再多時間與金錢都無法獲得的。

希望閱讀本書的讀者，除了建立正確的健身觀念外，能更了解自己的身體，也更清楚如何取得正確知識。

身體文化 0156

居家鍛鍊輕鬆瘦

第一本大人小孩都輕鬆上手的簡易肌力運動大全

作　　者—幫客教練 (Bunker)
副 主 編—謝翠鈺
責任編輯—廖宜家
行銷企劃—江季勳
美術編輯—張淑貞
封面設計—陳文德
照片攝影—小眯
場地提供—女俠 ina

董 事 長—趙政岷
出 版 者—時報文化出版企業股份有限公司
　　　　　108019 台北市和平西路三段 240 號 7 樓
　　　　　發行專線— (02)2306-6842
　　　　　讀者服務專線— 0800-231-705、(02)2304-7103
　　　　　讀者服務傳真— (02)2304-6858
　　　　　郵撥— 1934-4724 時報文化出版公司
　　　　　信箱— 10899 台北華江橋郵局第 79 ～ 99 信箱
時報悅讀網— http://www.readingtimes.com.tw
法律顧問—理律法律事務所 陳長文律師、李念祖律師
印刷—金漾印刷股份有限公司
初版一刷— 2020 年 8 月 21 日
定價—新台幣 380 元
缺頁或破損的書，請寄回更換

特別感謝

時報文化出版公司成立於一九七五年，並於一九九九年股票上櫃公開發行，於二○○八年脫離中時集團非屬旺中，以「尊重智慧與創意的文化事業」為信念。

居家鍛鍊輕鬆瘦：第一本大人小孩都輕鬆上手
的簡易肌力運動大全 / 幫客教練作. -- 初版. -- 臺
北市：時報文化, 2020.08
　面；　公分. -- (身體文化 ; 156)
　ISBN 978-957-13-8301-9 (平裝)

1.塑身 2.減重 3.健身運動

425.2　　　　　　　　　　　　　109010534

ISBN 978-957-13-8301-9
Printed in Taiwan

居家鍛鍊輕鬆瘦・回函抽好禮！

填寫回函即抽高級按摩槍！

只要完整填寫讀者回函內容，並於 2020/10/31 前（以郵戳為憑），寄回時報出版，就有機會獲得 **iNO** 小捶按摩槍（櫻花粉）乙支喔！中獎名單及相關活動訊息，將於「時報出版」臉書粉絲專頁公布。

※**請務必完整填寫、字跡工整，以便聯繫與贈品寄送。**

1. 您最喜歡本書的章節與原因？
   _____
   _____

2. 請問您在何處購買本書籍？
   □誠品書店　　　□金石堂書店　　□博客來網路書店　　□量販店
   □一般傳統書店　□其他網路書店　□其他_____

3. 請問您購買本書籍的原因？
   □喜歡主題　　　□喜歡封面　　□價格優惠
   □喜愛作者　　　□工作需要　　□實用　　　　□其他_____

4. 您從何處知道本書籍？
   □一般書店：_____　□網路書店：_____　□量販店：_____
   □報紙：_____　□廣播：_____　□電視：_____
   □網路媒體活動：_____　□朋友推薦　□其他：_____

【讀者資料】

姓名：_____　□先生　□小姐
年齡：_____　職業：_____
聯絡電話：（H）_____　（M）_____
地址：□□□_____
_____
E-mail：_____

注意事項：

★請將回函正本於 2020/10/31 前投遞寄回時報出版，不得影印使用。
★本公司保有活動辦法之權利，並有權選擇最終得獎者。
★贈品顏色固定（櫻花粉），無法選色，敬請見諒。
★若有其他疑問，請洽專線詢問：02-2306-6600#8221。

※ 請對折封好（請不要使用釘書機），無須黏貼郵票，直接投入郵筒即可。

廣 告 回 信
台北郵局登記證
台 北 廣 字
第 2 2 1 8 號

時報文化出版企業股份有限公司

108019 台北市萬華區和平西路三段 240 號 7 樓

第六編輯部　悅讀線　收